AÉROMOTION

MÉMOIRE

SUR LA SCIENCE ET L'ART

DE LA

NAVIGATION AÉRIENNE

PAR

M. Jⁿ B.,

Professeur de Mathématiques.

« A chacun suivant ses besoins,
« De chacun suivant ses forces. »
CABET.

« Voyez et faites ! ! !.......... »
(EXODE XXV, 49.)

« Je me lève tous les jours dans l'espérance
que le préjugé a disparu et qu'il n'y a plus
d'envieux ni d'indifférents. »
(LE PHILOSOPHE NATURALISTE.)

« L'amour de soi, mobile éternel de tout in-
dividu, pousse à chaque instant l'intelligence
humaine dans un horizon plus étendu : se sous-
traire à son impulsion, modérée et prudente,
c'est faire un pas en arrière et descendre jusqu'au niveau de la brute. »
Le docteur CANY, de Toulouse.
(*Improvisation.*)

BAYONNE,

IMPRIMERIE DE VEUVE LAMAIGNÈRE, RUE CHÉGARAY, 39.

1867.

A tous les protecteurs des sciences,

A tous mes collègues, les investigateurs du progrès scientifique :

Je vous donne un diamant brut, faites-en luire les mille facettes aux soleils fécondants de vos intelligences et de vos cœurs d'élite.

L'AUTEUR,

A M.

L'AUTEUR, A L'ENTIÈRE HUMANITÉ.

Chère humanité,

L'heure ne serait-elle pas sonnée de t'affranchir des liens de la pesanteur qui t'attachent au sol, de t'élancer dans le champ infini des airs et d'achever enfin, par la conquête de ce nouveau domaine, celle de ton entière émancipation ?........

Après qu'un examen sérieux sur cette question t'aura montré que tu peux hardiment te mettre à l'œuvre, que, sans t'arrêter à d'autre entreprise plus riante que celle-là, tous tes vœux, toutes tes espérances se tournent du côté d'elle ! que désormais, surtout, rien ne te séduise plus et ne te paraisse plus attrayant ni plus propre à t'assurer le bonheur, qu'une telle extension de ta puissance ! ! !..........

J. B.

Ce 31 Décembre 1866.

COUP-D'ŒIL

RÉTROSPECTIF SUR LA MATIÈRE.

» L'aérostat est un point de départ vicieux autour duquel s'égarent les chercheurs; dans l'état actuel de nos connaissances et de nos ressources scientifiques, la navigation aérienne est un problème absolument impossible. »
LES GÉOMÈTRES.

« La découverte d'un moteur nouveau aura des conséquences tellement importantes, que la navigation aérienne en sera peut-être l'un des moindres résultats. » **NAVIER.**

« Pour lutter contre l'air, il faut être plus fort que lui. » **NADAR.**

Le problème de la navigation aérienne est une question de science et non de technologie.
L'AUTEUR.

L'atmosphère est un empire que l'aéronaute ne parviendra à conquérir, que le jour où, devenu comme l'homme d'Horace : *Illi robur et æs triplex,* il sera cuirassé du *triple airain* de la science, de l'art et du génie. **(IDEM.)**

La science et l'art de la navigation aérienne sont deux mots qui se confondent quelquefois, si ce n'est pas souvent.

La science de la navigation aérienne, ou *aérostatique*, embrasse l'étude et la connaissance des principes moteurs qui servent de base à la théorie de l'art; l'art de la navigation aérienne, ou *aérostation*, n'embrasse que l'application des règles, des théories et, en un mot, des principes enseignés par la science. En d'autres termes, l'*aéorostatique* est la théorie de la chose, tandis que l'*aérostation* n'en est que la pratique.

L'aérostatique est une science toute nouvelle, puisqu'elle repose sur la connaissance des propriétés motrices de l'air. Sous ce rapport, son origine est italienne, sa création ne pouvant, en outre, appartenir qu'à Galilée. Perfectionnée bientôt par Torricelli et Pascal, l'aérostatique marqua les premiers pas de l'aérostation naissante : positivement, l'invention des aérostats suivit de près la découverte de la pesanteur de l'air ; les montgolfières prirent leur origine dans la découverte de la dilatation de l'air par la chaleur ; les fusils-à-vent empruntèrent la leur à la découverte de l'élasticité de la matière aérienne ; les machines à compression furent enfin le résultat de la découverte de l'élasticité des fluides.

Sans rien diminuer de la gloire de Galilée, de Torricelli et de Pascal, ces illustres créateurs de l'aérostatique, on ne doit pas oublier les noms d'Otto-de-Guérick, de Cavendish, de Black, de Gusmao, le précurseur des Montgolfier, et enfin les noms de l'abbé Mariotte et de Bayle, qui, par leurs expériences, par leurs découvertes et par la spécialité même de leurs études, n'ont pas moins contribué à accélérer les progrès de cette science bien arriérée.

L'aérostation a une origine païenne ; je la trouve dans les fastes mythologiques, dans les faits et actes imputés à Dédale et à Icare. Cette origine reculée n'a rien qui doive étonner : de tout temps, l'homme a ambitionné la conquête de l'atmosphère ; de tout temps, il a été praticien et imitateur avant de devenir théoricien et inventeur ; l'histoire des découvertes est là, du reste, pour appuyer ces assertions.

Sans rien diminuer aussi de la gloire et de l'honneur des frères Montgolfier, dont le mérite (on doit leur rendre cet hommage) plane si haut sur la date de l'invention des aérostats, le nombre est grand de leurs précurseurs et de leurs devanciers : au XIIe siècle, nous voyons l'Anglais Guillaume de Malmesbury ; au XVe siècle, l'Italien Dante ; au XVIIe siècle, le Portugais Gusmao, les Français Besnier, Bernoin, Bacqueville, Alard, les Pères Lana et Gallien jeter par leurs idées d'imagination ou d'imitation, voire même par leurs téméraires et courageux essais, les premières assises de l'aérostation.

Ce n'est qu'au XVIIIe siècle, quelques jours avant cette époque d'ardente foi à la puissance de l'humanité, que nous voyons le problème de la navigation aérienne sortir des cerveaux des poètes et prendre place au foyer scientifique.

Dès ce moment date à mes yeux l'époque plus que mémorable de l'invention de l'aérostation. Comme l'on voit, sa vie intra-aérostatique avait été longue. Malgré cela, ce produit attardé du génie de l'homme ne fut rien moins qu'expulsé de sa matrice scientifique. Et cependant, *puisqu'il faut l'appeler par son nom*, ce fœtus de l'aérostatique fut salué à sa naissance aux acclamations de tout un monde d'enthousiastes ! La première fois qu'il fut montré à ses yeux avides de le voir pour le contempler, « on ne put, dit M. Louis Figuier, se défendre des plus vives impressions, beaucoup de personnes fondirent en larmes, d'autres s'embrassèrent comme en délire. »

Ainsi, ce premier enfant de la science aérostatique, objet de tant de vœux et qui avait semblé à ses débuts si riche de moyens, n'était rien moins qu'un avorton. Puis, hélas ! comme cette mère qui n'a plus dans le cœur un amour ardent pour la procréation, la science de la navigation aérienne devait encore vieillir dans une complète stérilité !..

Ainsi est née l'aérostation : telle elle a vieilli, toujours impotente et comme dominée par l'étroite dépendance de son imperfection et des faibles secours de sa théorie.

Rendons néanmoins un hommage sincère autant que judicieux aux noms et aux persévérants efforts de ces hardis pionniers de l'époque envers lesquels et desquels l'aérostatique sera toujours reconnaissante ; citons les Montgolfier, le physicien Charles, Guyton-Morveau, de Meusnier, MM. Transon, Delcourt, Giffard.

Payons également ce même tribut à nos infatigables pionniers modernes, à MM. Nadar, Ponton d'Amécourt, de La Landelle, Delamarne, et, en particulier, au Prince Louis et aux dignes membres de cette noble Société protectrice de l'aviation.

Rendre la science de l'aérostation plus susceptible de recevoir une application pratique est depuis plus d'un demi-siècle un problème dont la solution occupe tour-à-tour les savants et les géomètres. Une foule d'ingénieurs et de praticiens ont proposé ou essayé, à diverses reprises, diverses combinaisons mécaniques en vue de le résoudre. Toutes leurs tentatives ont échoué, toutes les expériences faites dans ce but se sont toujours accordées à démontrer, avec les géomètres ayant fait de la question une étude spéciale, que, dans l'état actuel des ressources aérostatiques, l'aérostation avait le désavantage capital de n'être pas susceptible de recevoir une application parfaitement réalisable.

Le problème de la navigation aérienne est donc resté sans solution définitive.

Pour faire sortir l'aérostatique de son état trop véritablement stationnaire, on a réclamé longtemps et l'on réclame encore à la mécanique son secours et toutes ses ressources. Cette science n'a rien pu fournir et ne fournira rien. Elle n'a fait, *qui pis est*, qu'entraver davantage la solution du problème : cela devait être.

La mécanique n'a rien à faire ici; son secours est comme quelque chose d'abstrait, d'une application secondaire, et l'emploi de ses leviers et de ses échelles, qu'elle veut bien du moins nous accorder généreusement, est ridicule sans son complément que tout semble nous refuser. Demandons-le à Archimède, qui a senti avant nous l'ingratitude de la mécanique, à laquelle il demandait aussi un point d'appui pour pouvoir soulever le monde.

Donc, lorsqu'on considère ce qui s'est fait depuis plus d'un demi-siècle, ce qui s'est fait surtout dans les dernières années qui viennent de s'écouler, il faut croire bien difficile la solution du problème si vivement mis à l'étude.

Au premier coup-d'œil porté sur la question, il semble, en effet, qu'elle soit une espèce de pierre philosophale pour les aérostaticiens, tant il est vrai que ceux qui ont voulu si hardiment se poser en face des difficultés qu'elle présente, ont eu à lutter en vain.

On peut donc, par conséquent, être porté à conclure que si les progrès de l'aérostatique n'ont pas pu avancer plus avant dans le domaine des faits, c'est parce qu'il n'a pas été possible aux investigateurs de faire plus qu'il n'a été fait. Il résulte, subséquemment, que leur méthode d'investigation n'a pas été celle qui fait arriver plus vite et à plus de succès. Je le prouve :

Tel, en effet, s'est mis à l'œuvre avec une espèce de force de génie à pouvoir apprécier le problème tout d'un coup-d'œil ; tel autre, avec un courage à ne s'étonner d'aucun obstacle ; tel autre, avec les vues d'un génie ardent ayant pleine confiance en lui-même ; tel autre, avec les petites attentions d'un esprit laborieux qui ne s'attache qu'à un seul point ; tel a passé dix ans , tel autre en a passé vingt à construire des engrenages , des leviers, des ailes, des hélices, des rames, des gouvernails, des machines, en un mot ; mais je doute fort que tel ou tel se soit jamais arrêté devant la nécessité formelle de construire un *bon et ferme point d'appui*. Et si quelqu'un devinant cette nécessité, s'est essayé à la satisfaire, l'a-t-il encore construit ce point d'appui avec les éléments, avec les matériaux accordés par le milieu ?... ou, pour mieux dire, sur les indications fournies par le problème ?... J'en doute fort encore : voilà pourquoi, en somme, on est arrivé à tant de conséquences infructueuses, à tant de pénibles et de sérieux mécomptes !

Je plains le sort de tous les chercheurs, victimes de leurs infortunes. Après s'être heurtés à tous les obstacles d'une entreprise hasardeuse et insensée , ils succombent à la peine sans rien espérer de leurs efforts et de leurs coûteux sacrifices, bien heureux si encore l'Ignorance ne les rend pas obscurs ou méprisés !

Ainsi, dès les débuts de l'aérostatique, la route ouverte à l'investigation a été faussée, toute l'attention de l'investigateur s'est trouvée portée sur l'amélioration et sur l'application d'un principe impuissant, et tout enfin s'est passé pour que l'aérostation prît plus d'extension que l'aérostatique.

A mes yeux, la théorie de l'aérostation devait de préférence occuper tous les esprits, et c'est surtout autour de son importance capitale qu'aurait dû se faire tout le bruit de l'outillage et tout le travail d'expérimentation. C'est encore par suite de ce défaut de méthode que l'aérostatique a vieilli sans faire un pas dans la modeste place que son laborieux et prématuré accouchement lui a faite au foyer scientifique. C'est un mal assurément, et un mal qu'on aurait pu arrêter dans son essence si, après avoir donné le jour à l'aérostation, on s'était occupé de lui donner une *éducation physique* capable d'exercer sur son développement l'influence la plus heureuse. Mais on a fait tout le contraire, on a laissé l'aérostation comme emmaillotée dans son berceau. Je pourrais même dire qu'on n'a rien fait dans ce but. On s'est imaginé que l'aérostatique était créée et que, par le cri d'enthousiasme qu'elle avait excité à peine à sa naissance, elle avait donné au monde un puissant et sincère témoignage de sa virilité et de sa force d'avenir. On s'est trompé et bien trompé, et l'aérostation, pauvre de moyens, est devenue peu à peu cette pierre philosophale, l'effroi de l'investigation et la palme de l'expérimentateur. Qu'on ne s'étonne plus, par conséquent, si cet art, nullement aidé par la science, a été un art périlleux plutôt qu'utile.

Telle est la voie stérile où depuis si longtemps la navigation aérienne se trouve paralysée, et abandonnée pour mieux dire à toutes sortes d'influences et de hasards.

Si l'on avait suivi une méthode plus rationnelle, raisonné plus juste, compris davantage ce qu'on faisait et porté sur la question un jugement plus sain on aurait évité de grandes erreurs, et nous serions à cette heure certainement beaucoup plus avancés.

Personne n'ignore que perfectionner la science, c'est faire progresser l'art. Or, pour faire progresser l'art aérostatique, il fallait d'abord perfectionner la science. Ces deux progrès, celui de la science et celui de l'art, ne sont-ils pas toujours simultanés? ou, s'ils ne le sont pas, ne se suivent-ils pas alors de très-près? ne s'équilibrent-ils pas toujours? Et l'art ne s'ébauche-t-il pas dans la science et ne s'achève t-il pas par la science? Et encore, est-ce que la science n'est pas à l'art ce que le fondement avec ses fortes assises est à l'édifice? Et, enfin, comme l'a dit dans un Mémoire remarquable le chef si honorable et si honoré de ma famille, « est-ce que, dans la construction d'un édifice, ne faut-il pas toujours commencer par de solides fondations? »

Ces vérités ont de grands avantages. Ici, elles ont été comme perdues de vue par presque tous les investigateurs. C'est une faute qui leur a été fatale. Bien comprises, elles auraient préservé l'investigation de toute funeste influence et de toute aberration : ces avantages sont immenses, ils sont toujours réels. Voilà l'impulsion qu'il était sage et important de donner aux débuts de l'aérostation, la voie facile et la plus courte sur laquelle il fallait s'engager d'abord ; il est à croire qu'on aurait avancé à pas de géant et hâté davantage la solution définitive du problème.

Mais comment a-t-il été compris, ce problème ?

Au point de vue aérostatique, la grande faute qui a été commise lorsqu'on s'est essayé d'abord de pouvoir élucider ses conditions ainsi que ses éléments, c'est d'avoir voulu répandre dans les esprits investigateurs l'idée téméraire et trop ambitieuse de ravir aux oiseaux et peut-être aussi aux poissons les secrets des lois de mécanique qui règlent leur vol ou leur natation.

Cette idée, infailliblement, a conduit l'investigation à cette absurdité flagrante de réaliser à la fois dans le même appareil l'action et la réaction, le levier et le point d'appui.

Autre faute que nous avons déjà fait connaître et qui est non moins capitale, c'est d'avoir pris l'art des Pilâtre et des Montgolfier pour l'art véritable de la navigation aérienne.

Ces deux erreurs ont exercé la plus funeste influence sur l'étude et la recherche des investigateurs nouveaux ; et ces erreurs, répétées de nos jours, sont encore l'unique cause de bien de stériles et de pénibles efforts.

En outre, cette idée native et imitatrice d'emprunter aux oiseaux les leviers de leurs ailes et cet art des Pilâtre et des Montgolfier sont-ce des raisons et des faits assez positifs, assez réels pour servir de base à un art dont les moindres défauts sont d'apprendre à ceux qui le pratiquent leur témérité et leur faiblesse, dans leur lutte inégale avec des forces qui règnent en maître précisément là où eux se trouvent sans appui et comme sans armes ?........ Assurément, ces raisons et ces faits ne sont pas assez positifs ; ils ne sont du moins que trop concluants et n'ont, en définitive, que trop servi à jalonner notre témérité et la résistance de la nature.

Autre faute qui a été commise et qu'il est bon de ne pas perdre de vue ; c'est de n'avoir pas voulu écouter les sages avis des géomètres ni l'éloquente vérité de l'expérience. Combien d'efforts et de sacrifices précieux auraient été épargnés si, au lieu de persévérer dans une voie qui se montrait de plus en plus stérile et sans issue, on s'était occupé à réunir en faisceau toutes les forces naturelles pour choisir ou deviner la plus propre et la plus susceptible de servir à la résolution tant désirée et si ingrate ; ou du moins, lorsqu'on vit que les sciences mécaniques semblaient s'obstiner davantage à ne vouloir rien fournir et avancer à un art qui leur tendait la main, ne fallait-il pas de suite changer encore de voie et s'adresser à des sciences plus riches de moyens et bien certainement moins ingrates ? Si l'on s'était de prime-abord adressé à la nature, on aurait obtenu à cette heure la force puissante, docile et infatigable, refusée par la mécanique. Mais ici, comme en bien d'autres circonstances, il semble qu'on ait été chercher bien loin ce qui n'était que sous la main, et que le mécanicien ait voulu à dessein oublier son *a b c* pour demander à la routine les secrets de son art. Erreurs que tout cela. Lorsqu'il se présente une difficulté pour la solution de laquelle la mécanique semble invitée à fournir la clef, il convient d'abord de penser à la main qui, la première, mettra le doigt sur l'instrument de solution ; cette main, c'est le moteur. Or, le moteur ne saurait s'inventer ni être fabriqué avec des paroles, ni *a fortiori* avec des combinaisons mécaniques. On ne doit rien moins que le chercher, et où, me dira-t-on ? Où ? Dans le magasin général, toujours abondamment pourvu et où se réparent et s'entretiennent les ressources de la mécanique, enfant né dans ce magasin et nourri tous les jours à ses frais. Ce magasin, c'est la nature !.... Il y a véritablement en elle des forces invisibles qui dorment dans les secrets du destin et qui, touchées à peine par la baguette magique de l'imagination humaine, se réveillent aussitôt comme un ressort vivement distendu. Si j'avais ici mission de m'étendre sur cette assertion, je

pourrais m'appuyer sur des preuves nouvelles, bien nettes et bien précises, et qui apprendraient davantage combien la nature est riche de moyens, non pas tant dans ceux qu'elle nous dévoile, mais dans ceux encore qu'elle nous réserve pour l'avenir. Mais qui ne sait, du reste, que ces forces, placées comme en dépôt dans la nature et aussi comme à dessein par une main créatrice et sage, ont toutes leur but fixé *ab ovo?* et que leur but enfin n'est jamais impénétrable pour qui sait bien le chercher?.....
En cherchant bien dans le riche laboratoire de la nature, dont l'entrée est gratuite pour tous, on finit tôt ou tard par trouver, et quelquefois mieux que ce qu'on cherchait. C'est le cas de prédire au chercheur le sort de Saül, *qui cherchait les ânes de son père et qui trouva une couronne.*

Nous devons donc conclure des considérations rétrospectives que nous venons d'exposer, que les difficultés de la question n'ont pas été étudiées sous toutes leurs faces et dans les meilleures conditions de la méthode expérimentale.

Avant de dire notre dernier mot sur un problème si peu compris et si incomplétement résolu, examinons un peu les conditions les plus essentielles de ses difficultés :

L'action de s'élever dans l'atmosphère est la principale des difficultés du problème, parce que c'est celle qui se présente la première.

Bien d'expérimentateurs se sont occupés de la possibilité de vaincre cette première difficulté par le moyen et l'application des forces qui font élever et flotter dans l'atmosphère certains corps d'une légèreté spécifique. A ce point de vue, il n'a pas été difficile de s'élever et de flotter dans la masse fluide qui environne le globe ; mais là se sont toujours bornées les ressources de ce moyen et de cette application.

Après avoir vaincu la résistance de pesanteur et fourni tout le travail moteur dont elle était susceptible, la force empruntée ainsi à la différence de densité n'a plus obéi qu'au gré des courants d'air supérieurs, après avoir été souvent dans le trajet la très-humble obéissante des vents ou des courants inférieurs. On comprend dès lors que, pour faire avancer ou reculer l'appareil d'ascension et vaincre par suite la résistance des courants, il fallait nécessairement le concours d'une force amie suffisamment puissante ; et cette précieuse force, ce point d'appui non moins indispensable pour réagir et consolider son pied , où les prendre, où les voir même autour de soi ? Nulle part. Cela est aussi naturel que formellement évident.

Cette force , en effet, l'aéronaute ne saurait l'emporter avec lui ni la demander bien moins à la mécanique. Le défaut radical du moyen d'ascension est précisément là. Ce défaut auquel on a voulu si vivement porter remède dépend de l'imperfection et de l'impuissance du moteur. Or le moteur étant ici l'agent essentiel, le véhicule inaltérable, le moyen effectif de l'aérostation, il fallait reconnaître de suite que cet agent, que ce véhicule que ce moyen étaient vicieux.

« Et certes, nous dit un écrivain de mérite, le savant M. Figuier, la résistance considérable que l'air même le plus tranquille oppose à la propension d'un aérostat ne pourrait être surmontée par aucun appareil mécanique, et ces changements de direction que l'aéronaute doit imprimer au ballon pour chercher un courant d'air plus favorable à sa marche ne sauraient être obtenus avec le secours des moteurs qui sont actuellement en notre pouvoir.

« Le seul point d'appui offert au mécanicien, c'est l'air atmosphérique ; c'est sur l'air qu'il doit agir, et l'air raréfié des régions supérieures. En raison de la ténuité de ce fluide et de son extrême raréfaction, il faudrait le frapper avec une vitesse excessive pour produire un effet sensible de réaction. Pour obtenir cette vitesse, il faudrait évidemment mettre en œuvre une grande somme de forces mécaniques. Or, les rouages, les engrenages et les agents moteurs qu'il faudrait embarquer pour produire ce résultat sont d'un poids trop considérable pour être utilement adaptés à un ballon, dont la légèreté est la première et la plus indispensable des conditions. Si pour obvier à cet inconvénient capital, on veut augmenter dans les proportions nécessaires le volume du ballon, on tombe dans un autre défaut tout aussi grave. L'aérostat présente alors, en surface un développement immense. Or, en augmentant les dimensions du ballon, on offre nécessairement à l'action de l'air une prise plus considérable : c'est comme la voile d'un navire sur laquelle le vent agit avec d'autant plus d'énergie que sa surface est plus grande. Ainsi, en augmentant la force, on augmenterait en même temps la résistance, et comme ces deux éléments croîtraient dans le même rapport, les conditions premières restent les mêmes. »

Devant la force et la logique de ces justifications concluantes à mes yeux, s'effacent toutes nouvelles preuves de l'imperfection d'une théorie aérostatique dont la base n'est pas assise sur de solides fondations, et toutes autres preuves de l'inconséquence des expérimentateurs dont les persévérants efforts pour améliorer cette théorie ne se sont pas assez portés sur son capital et radical défaut.

AÉROSTATIQUE.

PRÉPARATION

DE LA SOLUTION DÉFINITIVE DU PROBLÈME.

> L'air est une force où résident la fin et les moyens de l'aérostation.   J. B.
>
> La solution du problème de la navigation aérienne est une application directe des leviers qui soulèvent le globe, et qui le font tourner sur lui-même.   J. B.

Qu'est-ce donc que ce problème poursuivi avec tant de ténacité et de courage ? Malgré le cercle étroit où il est limité, c'est une de ces questions dont l'importance capitale ne saurait échapper à personne ; de nom, c'est une idée purement imaginaire ; de fait, c'est une idée actuellement impossible dans les conditions d'état de nos ressources et de nos moyens scientifiques ; son but, qui est la conquête de l'atmosphère, ne sera atteint que le jour où la découverte d'un nouveau moteur mettra à notre disposition des moyens de précision plus suffisants et plus accomplis ; en somme, c'est une idée éminemment grandiose, sublime, un fait d'une portée extraordinaire, un problème dont la solution changera inévitablement les conditions économiques et sociales de l'humanité.

Donnons la parole à M. Blerzy pour appuyer ces assertions :

La solution du problème de la navigation aérienne résolue, « toute ville, tout village, chaque usine jouirait des avantages

2

d'un port de mer. Les canaux, les routes deviendraient inutiles et rendraient à l'agriculture la surface qu'ils occupent. Les vaisseaux (s'il en restait encore), surpris par la tempête, seraient enlevés par leur grand mât en pleine mer et reconduits au port ; ils seraient transportés par dessus les chaînes des montagnes. **La guerre ne se ferait plus que par en haut, au moyen de bombes formidables qu'on laisserait tomber d'aplomb sur les armées et les places fortes ; mais il n'y aurait plus de guerres, car les frontières seraient effacées ; les peuples communiqueraient en quelques heures d'un antipode à l'autre, et, par un contact incessant, se fondraient en une seule famille.** L'intérieur des continents inaccessibles n'aurait plus de mystères, etc. »

Mais cette solution n'est pas encore résolue !......... Où la trouver ? ou quelle voie suivre pour la préparer du moins ?....

La solution du problème qui nous occupe, ce n'est pas dans les chemins battus par la foule qui s'égare, que nous la trouverons, c'est en nous pénétrant bien de cette vérité que « l'homme n'est créateur que pour avoir observé et qu'il n'est observateur que pour être en état de créer. » James Watt, le plus grand mécanicien que je connaisse, Papin, notre illustre compatriote, le comprirent très-bien. C'est pourquoi, nous inspirant de leur exemple, nous la chercherons là où elle est, c'est-à-dire dans le plus grand et le plus splendide laboratoire de la nature, dans l'**Atmosphère !**......

Après avoir, comme le géologue, longtemps et sourdement plus agi que parlé ; après avoir aussi, comme lui, borné notre travail non à chercher ce qui était, d'un seul et vigoureux coup de pioche, mais à jalonner patiemment le terrain de notre investigation, à en disséquer industrieusement toutes ses faces réelles ou possibles et, enfin, à en mesurer méthodiquement les rapports les plus éloignés, nous nous trouvons aujourd'hui au milieu de nos jalons, prêt à jeter autour de nous ce regard d'ensemble qui précède l'opération finale : la solution.

COUP-D'ŒIL D'ENSEMBLE.

Un examen attentif porté sur les moyens et les ressources mécaniques de la nature, nous fait reconnaître tout de suite l'existence d'un corps bien différent, sous un grand nombre de rapports, de cette multitude d'êtres divers, sensibles, insensibles et d'une variété de formes, de couleurs et de dimensions. Ce corps qui s'est montré tout d'abord à notre attention, et auquel on a donné le nom d'*air*, nous manifeste sa présence à chaque instant, sur quelque point du globe que nous nous trouvions. De toutes les substances matérielles, il est celle qui paraît subsister le plus indépendamment et agir le plus aisément et le plus constamment. Le grand Buffon l'avait, comme nous, remarqué, et mieux que personne, il l'avait compris :

En effet, « les froids les plus excessifs, ne lui font rien perdre de sa nature ; les condensations les plus fortes ne sont pas capables de rompre son ressort ; il n'y a qu'un feu intense qui puisse altérer sa nature en le raréfiant et en détruisant ainsi son élasticité propre. »

L'air, en outre, joue un très-grand rôle dans le grand spectacle de la nature. En le considérant, lorsque sous la forme élastique il réside dans les corps, ses effets, qui sont alors aussi variables que les degrés de son élasticité, et son action, quoique toujours la même, semblent nous dire combien il est puissant et combien il nous serait nuisible, si sa puissance n'était pas réglée d'après une loi sage, prudente et immuable même comme les deux principes qui la règlent à son tour : principes de mouvement, principes vitaux que je rencontre depuis l'atome jusqu'à la molécule, depuis la molécule jusqu'au corps et enfin depuis le corps jusqu'au grand tout, l'*Univers*. Partout, en effet, je rencontre ces deux principes : c'est que le mouvement est partout, et que ces deux principes sont comme attachés à tous les phénomènes de la nature. Je m'explique :

Il est, entr'autres, deux propriétés générales de la matière desquelles il résulte que toutes les parties d'un tout ont respectivement une force attractive et une force répulsive ; que, si ces deux forces, naturellement contraires, sont et restent égales dans un corps quelconque, le corps est et demeure dans ses propres conditions d'état et de physionomie ; que, si l'une quelconque d'elles augmente, le corps change de condition d'état sans changer néanmoins de physionomie, toutes choses égales d'ailleurs ; que, si c'est la force attractive, le corps diminue uniformément d'étendue ou de volume ; que, si c'est la force répulsive, il augmente au contraire et aussi uniformément de volume ou d'étendue ; que, si le corps ne se trouve point sous l'influence de quelque force extérieure, il est visible qu'il a une forme sphérique ; que, si, enfin, il se trouve, au contraire, dans toute autre condition, il est naturel que sa forme s'est modulée d'après les lois de l'équilibre des forces qui agissent sur lui. Ces conséquences des propriétés de l'attraction et de la répulsion me serviraient à expliquer très-facilement plusieurs phénomènes si j'avais à remonter ici jusqu'à la source des causes qui ont telle ou telle action sur le système des mondes ou sur les moyens de la nature dans tel ou tel acte de son éternelle puissance.

Mais la question qui nous préoccupe spécialement ne doit pas si tôt être perdue de vue. Elle aussi ressort des conséquences immédiates de deux principes semblables.

L'atmosphère, en effet, nous offre partout le spectacle d'une lutte perpétuelle entre deux forces rivales, toujours en présence, quelquefois combattant à égale intensité, l'une et l'autre alternativement vainqueur ou vaincue : ces deux forces sont l'action de la pesanteur et l'expansion atmosphérique ; de leur égalité ou de leur inégalité dépendent ensuite l'insensibilité ou la sensibilité de leur formidable puissance, le repos ou le mouvement des milieux fluides auxquels elles appartiennent.

Un examen attentif des résultats de cette lutte fait voir, en outre, que, si tantôt l'une quelconque d'elles semble plus faible ou plus forte que l'autre, et *vice-versà*, il n'existe pas moins entr'elles un principe d'égalité plus ou moins détruit, suivant la plus ou moins grande influence des principes pernicieux de la température et peut-être aussi de l'attraction universelle.

De là infailliblement, dans les conditions d'équilibre de ces deux forces, des anomalies permanentes, et, dans les pressions que le globe supporte dans tous les sens, des anomalies surtout qui, quelles qu'elles soient, entraînent une résultante motrice difficile à constater, mais néanmoins suffisante pour produire quelque effet.

Qu'on y pense sérieusement, cette résultante est mathématique. En l'étudiant bien, je vois en elle la matrice scientifique de la solution du problème ; le nœud gordien est là, il ne s'agit que d'en découvrir les bouts à la manière d'Alexandre.

Empruntons donc à l'anatomiste son scalpel, puis, munis de cet instrument indispensable et infaillible de toute dissection , mettons en évidence la veine dont nous allons pouvoir faire jaillir deux autres forces aussi en lutte continuelle, toujours en présence, et qui font également résulter de leur alternative ou commune agression , la sensibilité ou l'insensibilité de leur formidable puissance.

La veine touchée et ouverte à la fois , les difficultés du nœud se perdent, en effet, dans le courant des deux forces qui jaillissent : *de la force expansive de l'air et de la force réactive des solides élastiques.*

Raisonnons. Au point de vue aérostatique, et considéré tant en lui-même que pris en particulier , le globe est un corps perdu dans un espace fluide ; or, chaque corps, à sa surface, se trouve comme lui dans les mêmes conditions d'état et à peu près aussi dans les mêmes conditions d'équilibre. Remarquons néanmoins que la lutte qui a lieu à la surface d'un petit corps considéré isolément, est la même en miniature, et que si elle est presque toujours sans aucun résultat visible, c'est parce que les effets de ses causes sont comme quelque chose d'inappréciable à l'œil nu ; mais , en outre, le corps est soumis à deux forces : à une force étrangère et provocante, et à une force inhérente et réagissante et, par conséquent, égale et contraire. La première, c'est la pression atmosphérique ; la seconde, c'est la tension des ressorts moléculaires du corps. Réglées par un principe d'égalité d'action et de réaction comme la pesanteur et l'expansion atmosphérique, la chaleur et le froid ne détruisent pas ici comme ailleurs ce principe d'égalité. Ici, ces causes perturbatrices ne sauraient avoir aucune action sensiblement effective. Mais le vide et le plein peuvent y suppléer : comme on le verra par la suite, le vide augmentera l'action de la pression extérieure au préjudice de la réaction moléculaire, ou augmentera l'une quelconque d'elles au préjudice de l'autre ; et de la rupture de leur équilibre, sans pour cela provoquer la destruction de leur principe d'égalité d'action et de réaction, ce qui serait impossible, résultera enfin la résultante motrice, premier et dernier mot du problème.

Qu'est-ce d'abord que la pression atmosphérique ?

L'idée que nous avons de l'atmosphère est telle, que nous ne supposons pas qu'elle ait besoin de mouvement pour exister. Etant une masse de matière fluide existant dans la grande sphère d'activité de l'attraction du globe, sa pesanteur, à proprement parler, est la cause unique et efficiente de sa pression de réaction ou d'expansion. La pression atmosphérique est donc le produit de la pesanteur et une force de réaction ou de ressort. Elle est donc encore, au point de vue statique, *une cause de mouvement*.

Si donc c'est une force, nous devons pouvoir facilement connaître les conditions de son quadruple caractère, savoir : de son *intensité*, de son *application*, de sa *direction* et de son *équilibre*.

D'abord, de son intensité.

De fait, l'intensité d'une force qui n'est en elle-même que le produit d'une autre, ne saurait s'étudier qu'en étudiant à part l'intensité de la force active qui est sa cause et son principe. Or, si la pression atmosphérique est le produit de la pesanteur, son intensité doit partout être égale à la sienne : *la réaction étant toujours égale à l'action*, et elle doit, en outre, varier comme celle-ci, *en raison inverse du carré de la distance du centre de gravité du globe.*

De là, sans doute, ce fait ailleurs démontré et que nous admettrons comme un axiome fondamental d'aérostatique, que *l'intensité de la pression atmosphérique est égale dans tous les sens autour d'un point dans tous les lieux.*

De son application.

L'application de la pression atmosphérique a lieu d'abord sur tous les points de la surface du globe, et l'on conçoit que si le globe lui-même était rigoureusement sphérique, l'intensité des forces qui agissent sur lui serait égale dans tous les sens, sur tous ses points. Or, comme la surface du globe n'est pas homogène et que lui-même n'est pas régulier, il s'ensuit positivement que l'intensité de la pression atmosphérique varie en chaque point de surface d'après le même rapport de variation de l'intensité de pesanteur à chaque point.

Mais la pression atmosphérique s'applique aussi sur la surface des corps solides libres ou non qui se trouvent soumis à son action ; elle s'applique, en général, partout où elle agit, activement ou négativement ; cela résulte, du reste, d'une vérité démontrée en statique, que *toute force agit là où elle s'applique.*

Par conséquent, *tout point pris dans un milieu fluide quelconque peut être considéré comme le point commun d'application d'une infinité de forces égales dans tous les sens et contraires deux à deux. Subséquemment, tout atome de la masse aérienne est un point en équilibre et soumis au repos par le fait capital de l'égalité et de la contrariété des forces infinies qui agissent sur lui.*

Ces considérations, bien comprises, nous font acquérir une idée de plus en plus concise et variée de ce qu'est la pression atmosphérique. En effet, la pression atmosphérique n'est pas, statiquement parlant, une force unique, distincte, isolée et comme perdue dans l'espace ; c'est aussi, nous venons de le voir, une force complexe en elle-même, dont l'action se décompose, au point où nous la considérons appliquée, en une infinité d'unités ou de composantes toutes homogènes et s'entr'équilibrant deux à deux.

Par conséquent, il nous semble rationnel d'appeler l'intensité de la pression atmosphérique *la résultante de toutes ses unités d'action.*

De sa Direction.

La direction de la pression atmosphérique devient plus facile à déterminer par suite de la définition que nous venons de faire de cette même pression. La direction que peut, en effet, prendre un mobile qui n'est à vrai dire qu'un système de forces, dépend naturellement de la résultante de ce système. Or, les considérations précédentes nous ont déjà révélé ce fait très-important que la pression atmosphérique, agissant autour d'un point, réduit le point à un état absolu de mouvement égal à *zéro.* Par conséquent, la direction de la pression atmosphérique n'a aucunement sa raison d'être là où l'application est simultanée de toutes les composantes du système. Voyons s'il en est ainsi dans l'application simultanée, mais partielle, de ces dites composantes :

Il est évident, en statique, que deux forces égales et contraires appliquées à un même point se font équilibre ; leur point commun étant, par conséquent, sollicité au repos, leurs directions s'identifient et par contre s'évanouissent. Ce fait concluant n'est vrai néanmoins qu'autant qu'un système de forces se réduit à deux résultantes égales et contraires. Si donc nous concevons, par exemple, la pression atmosphérique appliquée sur un point de surface plane, il ne pourra y avoir d'appliqué ici que la moitié des composantes de la pression extérieure : la ligne-plan divisant la somme des unités de pression en deux parties égales. Par suite, il devient évident que si la décomposition de cette moitié d'unités de pression fournit une résultante perpendiculaire au plan de surface, la direction de la pression atmosphérique ne saurait être déterminée ici que par la direction même de cette résultante.

Par conséquent, la direction de la pression atmosphérique est toujours perpendiculaire au plan sur lequel elle s'applique.

De son Équilibre.

Dans ce que nous venons de voir, il n'a été question que de l'équilibre de la pression atmosphérique autour d'un point libre, et nous n'avons été conduits qu'à considérer comme évidentes l'égalité et la contrariété d'action de ces dites unités ; il reste donc à étudier l'équilibre de chaque unité d'action de la pression atmosphérique appliquée sur la surface des corps.

Et d'abord, représentons-nous un solide quelconque, mais brut, plongé dans l'atmosphère et tenu en équilibre, comme cela a lieu d'ailleurs, par des unités de pression quelconques A, B, C, D, E, F, dirigées comme on voudra dans l'espace occupé par le solide. Au point de vue statique, toutes ces unités de pression se font mutuellement équilibre : par conséquent, l'une quelconque d'elles, l'unité C, par exemple, s'oppose seule à l'action combinée et simultanée de toutes les autres A, B, D, E, F, etc. Donc, l'effet de ces dernières est de solliciter le système absolument comme une force unique, égale et contraire à la force C.

Mais supposons qu'il soit appliqué au système une force C' rigoureusement égale et contraire à la force C ; (comme au reste cela a encore lieu pour tout système aérostatique, une unité de pression quelconque appliquée à un point quelconque de surface rencontre infailliblement à l'autre extrémité de sa droite de prolongement, une unité de pression *rigoureusement égale et contraire*).

Nous dirons donc que les forces C' et C doivent forcément se faire équilibre. D'où il s'ensuit que l'*effet général de la pression atmosphérique sur un corps quelconque mais brut se réduit positivement à zéro*.

Il devient rationnel par cela seul d'admettre en principe que l'*intensité de la pression atmosphérique est nulle sur le plein*. Du reste, on peut arriver à le démontrer encore d'une autre façon non moins plausible et mathématique. Si nous faisons attention, en effet, que l'intensité de la pression atmosphérique se décompose autour d'un point matériel en une infinité d'unités ou de composantes toutes égales et homogènes, il demeurera aussi évident, que la pression atmosphérique exercée simultanément aux extrémités d'une ligne droite rigide et inextensible, s'équilibre et force le système au repos; il n'y a point de raison pour que le mouvement naisse d'un côté plutôt que de l'autre. Or, dans un corps brut, toute ligne droite ou transversale qui coupe le corps d'un point quelconque de surface à un autre point quelconque de surface même, est aussi une ligne rigide et inextensible. Par conséquent, toutes choses égales d'ailleurs, *deux unités de sens contraire de pression atmosphérique appliquées simultanément sur un corps brut, sont comme deux forces C et C' rigoureusement égales quelle que soit leur obliquité respective par rapport à leur plan respectif d'application.*

Subséquemment, le principe plus haut admis demeure et reste évident.

Avant de tirer de ces différents principes d'aérostatique les conséquences qu'ils renferment, admettons comme un axiome fondamental la proposition conditionnelle suivante :

L'action de la pression atmosphérique sur tout corps solide est comme égale dans tous les sens, dans tous les lieux.

COROLLAIRES

1° En chaque point de surface d'un corps, la pression atmosphérique peut être regardée comme une force unique agissant perpendiculairement;

2° En-dessus et en-dessous de chaque point d'une ligne droite ou courbe, la pression atmosphérique s'équilibre et n'a pas de résultante;

3° L'action de la pression atmosphérique sur un point quelconque d'une courbe est représentée en grandeur et en direction par la résultante des rayons de force, compris dans un arc de 180° décrit sur la tangente menée sur le point de la courbe;

4° Cette action est proportionnelle : 1° *sur une droite*, à la longueur de la droite; 2° *sur une surface plane*, à l'étendue de la surface; 3° *sur une courbe*, à la corde de la courbe; et 4° *sur une surface concave ou convexe*, à l'étendue du cercle de base;

5° Les résultantes respectives de la pression atmosphérique qui s'exerce en-dessus de deux droites, sont entr'elles comme ces droites;

6° Les résultantes respectives de cette même pression sur deux arcs sont entr'elles comme les cordes de ces mêmes arcs;

7° La résultante de la pression atmosphérique sur les côtés d'un angle quelconque varie en raison directe du sinus de cet angle;

8° Pour un même angle, cette même résultante varie, en outre, comme la somme et la différence des côtés ;

9° Cette même pression sur un angle sphérique varie en raison directe du sinus de l'angle déterminé par les cordes tirées sur ses côtés;

10° *Dans tout triangle, la résultante des pressions exercées sur deux côtés quelconques est égale et contraire à celles des pressions exercées sur le 3ᵉ côté.* (Triangle statique) ;

11° Deux triangles sont statiquement égaux lorsqu'ils ont un côté égal chacun à chacun ;

12° Tout quadrilatère ou polygone ¡régulier ou irrégulier se réduit à deux triangles statiques;

13° Dans tout triangle sphérique, la résultante des pressions exercées sur deux côtés quelconques est aussi égale et contraire à celle des pressions exercées sur le 3ᵉ côté;

14° Egalement, deux triangles sphériques sont statiquement égaux lorsqu'ils ont un côté commun ;

15° La pression atmosphérique exercée extérieurement ou intérieurement sur une circonférence se réduit à deux pressions arbitrairement contraires et égales chacune à la grandeur même du diamètre de la circonférence;

16° *La résultante des pressions exercées sur trois faces d'un tétraèdre quelconque est égale et contraire à celle des pressions exercées sur la 4ᵉ face.* (Tétraèdre statique) ;

17° Deux tétraèdres sont statiquement égaux lorsqu'ils ont une face égale chacune à chacune ;

18° Un pentaèdre, et en général tout polyèdre, régulier ou irrégulier, est réductible à deux tétraèdres statiques égaux ;

19° Les pressions exercées sur la surface convexe d'une calotte sphérique ont une résultante égale et contraire à celle des pressions exercées sur le cercle de base ;

20° Les pressions exercées sur la surface convexe d'un cône ont une résultante égale et contraire à celle des pressions exercées sur le cercle de base ;

21° Les pressions exercées sur la surface convexe d'un cylindre se réduisent à deux forces contraires l'une à l'autre et égales chacune au double du rectangle générateur du cylindre ;

22° Les conditions d'équilibre de la pression atmosphérique sont indépendantes des formes géométriques des corps solides sur lesquels elle s'exerce.

Qu'est-ce maintenant que la réaction moléculaire ?

L'atmosphère, qui enveloppe le globe de toutes parts, et qui s'appuie sur chaque point de sa surface pour résister à l'action comprimante de sa pesanteur, exerce sur tous les corps qui se trouvent plongés dans son milieu, l'action de sa force expansive ou de réaction. Sous l'influence immédiate de cette action, toujours subsistante, tous les corps, en général, se sont comprimés, toutes leurs molécules se sont pliées et ont comme fléchi jusqu'autant, enfin, que la force de leurs ressorts a fini par équilibrer la pression de l'action exercée sur elles. De l'effet immédiat et extérieur de cette force expansive ou de pression, et de l'effet réactif des ressorts moléculaires, il est résulté évidemment un principe d'égalité d'action et de réaction. De là, sans doute, une intensité de flexion égale à l'intensité de pression extérieure : soit dans les corps fluides, soit dans les corps liquides, soit enfin dans les corps solides. Néanmoins, remarquons chez ces derniers ce fait tout particulier, que cette égalité de flexion ou plutôt de réaction semble plus difficile à constater à cause de la petitesse même de la flexion des ressorts moléculaires et, par contre, de l'intensité plus grandé de leurs forces respectives. Malgré cela, quelque peu appréciable que soit ce principe d'égalité d'action et de réaction entre la pression extérieure et la tension des ressorts moléculaires, il n'en est pas moins vrai ni moins mathématique. Ce principe semble si vrai et si conforme, du reste, à l'expérience de tous les jours, que nous voyons les conditions d'équilibre d'un corps quelconque, plongé dans la masse aérienne, comme absolument indépendantes des formes géométriques qu'il affecte et des conditions de son état physique. Donc, si tout corps au repos à la surface du globe, reste comme attaché aux liens de sa propre inertie, il faut croire que les conditions d'équilibre des forces d'action ou de réaction qui s'appliquent sur lui, sont généralement dépendantes de ce principe naturel et général d'égalité d'action et de réaction qui réside en lui. C'est là, en définitive, la cause essentielle et radicale qui fait que tout corps brut soumis à l'action comprimante de l'atmosphère est sollicité au repos à défaut de résultante motrice.

Donc, en dernière analyse, *l'intensité de la pression atmosphérique est nulle sur le plein.*

***

COROLLAIRES.

—

1° L'intensité de la réaction moléculaire varie en raison directe de l'action extérieure et comprimante ;

2° L'intensité moyenne de tension de toute matière fluide renfermée dans une sphère inextensible et dans le vide, est en chaque point inversement proportionnelle au carré du rayon de la sphère ;

2° L'intensité de réaction d'un point matériel est égale dans tous les sens, dans tous les lieux ;

3° La réaction moléculaire, en un point quelconque d'un plan, équilibre dans tous les sens la pression atmosphérique exercée sur le point ;

4° Tout point matériel soumis à la pression atmosphérique peut être regardé comme le point d'application de deux forces égales et contraires d'action et d'autant de forces égales et contraires de réaction dans tous les sens, dans tous les lieux ;

5° La réaction moléculaire est également intense en chaque point de surface d'un corps soumis à l'action comprimante de la pression extérieure ;

6° La résultante des forces de réaction en chaque point de surface d'un plan est toujours perpendiculaire à ce plan ;

7° La réaction moléculaire, en chaque point de surface d'un corps, peut être regardée comme une force unique agissant perpendiculairement ;

8° En tous les points de la surface du globe, la résultante de l'expansion atmosphérique ne pouvant statiquement s'appuyer qu'au centre même de gravité du globe, de même, en tous les points de la surface de tout corps sphérique, considéré isolément et libre, la résultante de la réaction moléculaire, qui n'est, à proprement parler, qu'une expansion semblable, ne peut avoir son point d'appui qu'au centre même de gravité du corps ;

9° En général, quelles que soient les formes géométriques d'un corps, et quelle que soit aussi l'inclinaison d'un rayon de pression extérieure agissant en un point quelconque d'un plan, le point d'appui de la réaction moléculaire provoquée par l'action de ce rayon de force, ne peut être, statiquement parlant, qu'au centre de gravité de la ligne intérieure de prolongement de ce rayon de force ;

10° En général, les points d'appui de la réaction moléculaire se trouvent tous aux centres des lignes intérieures de prolongement de la pression extérieure ;

11° Les points d'application de la pression atmosphérique sont communs aux points d'application de la réaction moléculaire ;

12° Dans un polyèdre quelconque, les plans bissecteurs des angles dièdres sont déterminés par les points d'appui de toutes les résultantes des forces de réaction exercées sur les côtés de chaque angle ;

13° Dans tous les corps sphériques, la détermination des points d'appui de toutes les résultantes de la réaction moléculaire détermine les rayons, les diamètres et les centres de ces corps ;

14° Dans tous les corps ronds réguliers ou irréguliers, cette même détermination détermine les rayons, les diamètres et les divers centres de ces corps ;

15° L'intensité de la réaction moléculaire à ses points d'application, qui sont tous à la surface, est indépendante de la distance qui les sépare de leurs points respectifs d'appui ;

16° Dans tous les corps sphériques, isolément considérés, l'intensité de leur réaction moléculaire, à leurs divers points d'appui, varie en raison directe du carré de leurs rayons ;

17° Dans tout corps sphérique, l'intensité *acquise* de la réaction moléculaire varie en chaque molécule en raison inverse du carré de sa distance du point d'appui de la résultante de réaction qui passe par cette molécule ;

18° La cohésion moléculaire variant, d'après une loi démontrée en physique, en raison directe de l'épaisseur, de même la réaction moléculaire à ses divers points d'appui, soient situés dans un corps sphérique, soient situés dans un corps polyèdrique, varie d'intensité en raison directe de la distance qui sépare ces points d'appui de leurs points respectifs d'application ;

19° L'intensité de la réaction moléculaire du globe et par conséquent de tout corps sphérique varie au centre de gravité en raison directe de la longueur du rayon, indépendamment de cette particularité qui fait encore varier la réaction moléculaire à ce même point en raison directe du carré du rayon ;

20° Dans un solide quelconque, la réaction moléculaire, suscitée par la pression atmosphérique, augmente la cohésion du solide au détriment de sa propriété de répulsion ;

21° La réaction et la répulsion moléculaires logées ensemble dans le même fluide ne sont qu'une seule et même force ;

22° Dans les solides, l'intensité de cohésion étant de beaucoup supérieure à l'intensité de répulsion, la répulsion ne saurait jamais égaler l'intensité contraire de la pression atmosphérique ;

23° Une matière de nature explosible placée à dessein dans une boîte sphérique rencontre une moins grande résistance de réaction, si la boîte, au lieu d'être telle, est cubique, par exemple, et d'égale épaisseur de paroi ;

24° Dans un solide quelconque et après suspension brusque de l'action comprimante extérieure, l'équilibre de la réaction moléculaire s'effectue immédiatement par une série d'oscillations croissantes et décroissantes dont le maximum d'amplitude en chaque point de surface varie en raison directe de l'intensité acquise de la réaction à ses différents points d'appui ;

25º Dans tout solide, la cohésion agissant sur l'amplitude des oscillations réactives, comme la pesanteur agit sur l'amplitude des oscillations du pendule, le *maximum* d'amplitude varie en raison inverse de l'intensité de cohésion ;

26º La vitesse d'oscillation croît avec la grandeur d'amplitude ;

27º Le temps mis par un solide pour s'équilibrer tout-à-fait, varie en raison directe de l'intensité de la réaction moléculaire acquise et en raison inverse de l'intensité de cohésion ;

28º L'intensité de ressort ou d'impulsion de la réaction moléculaire varie en raison directe du degré de dureté du solide ;

29º Toujours après suspension brusque de la pression extérieure (c'est dans cette condition que doivent être comprises les quatre précédentes propositions), les forces de réaction d'un solide quelconque isolé et qui s'équilibre, ne sauraient avoir sur lui-même aucune résultante motrice ;

30º Après soustraction de toute pression extérieure, tout corps étranger mis en contact avec un solide en voie de s'équilibrer, reçoit un choc proportionnel à l'intensité impulsive des ressorts moléculaires brusquement rompus ;

31º Cette intensité impulsive sollicite au mouvement, en deux sens opposés chacun à chacun, le corps choqué et le corps choquant ;

32º La cause essentielle d'équilibre de la pression atmosphérique et de la réaction moléculaire dépend de l'égalité et de la contrariété de leur intensité respective en chacun de leur point commun d'application, dans tous les sens, dans tous les lieux.

AÉRODYNAMIQUE.

SOLUTION

DÉFINITIVE DU PROBLÈME.

> « Il est sans doute réservé aux générations prochaines de voir s'accomplir la découverte de la navigation aérienne; un jour viendra apportant avec lui cette création tant désirée. »
> Louis FIGUIER.

Après avoir considéré la pression atmosphérique d'abord en elle-même, ensuite dans son harmonie parfaite avec la réaction moléculaire qu'elle provoque dans les solides soumis à son action, et compris, surtout, les moyens de son insensibilité et la fin pour laquelle cette insensibilité ne nous semble point manifeste tant que la base qui la soutient ne cesse pas d'exister, étudions maintenant, par des observations fondées sur des faits incontestables, les conditions de l'équilibre de cette dite pression dans ses effets sensibles et rendus moteurs.

Nous avons vu que l'intensité de la pression atmosphérique était nulle sur le plein des corps solides, comme sur un point matériel où elle s'entr'équilibre. Sous ce point de vue général, tous les corps de la nature, le globe même, ne sont, statiquement parlant, autres choses que des machines parfaitement destinées à transmettre et à neutraliser l'action de cette susdite pression.

3

Mais, en suivant cette idée, si les forces qui naissent de l'expansion atmosphérique, sont incapables de ne pas se faire équilibre sur un corps solide entièrement libre dans l'espace, pourquoi alors le globe. qui est aussi un corps libre, pourquoi, dis-je, son élément liquide et tout à sa surface semble-t-il obéir à une résultante motrice; pourquoi aussi ce défaut d'équilibre du grand Océan vital ?

Une réponse à cette question si délicate, car elle touche à l'histoire, n'est pas difficile ; mais le cadre où nous nous sommes limité n'est déjà que trop rempli pour essayer de la donner tout-à-fait scientifiquement. Disons, néanmoins, que de son étude ressort purement et clairement la solution définitive du problème qui nous occupe.

Ouvrons donc une large parenthèse à l'observation.

Nous nous demandions tout-à-l'heure pourquoi, à la surface du globe, tout semblait obéir à une résultante motrice, fournie incontestablement par l'action effective d'une résultante atmosphérique. Cette question a occupé toute ma jeunesse, et j'ai eu bien d'occasions propices de la méditer sous toutes ses faces et de la soumettre même à l'analyse rigoureuse de la formule mathématique. L'ai-je résolue définitivement ? Je l'ignore. Toujours est-il que mon attention sur cette question, n'a pas été sans fruit aucun, car d'elle date toute la mise en évidence des faits saillants qui m'ont, par leur vive lumière, éclairé dans la voie de ma difficile investigation.

Ce qui m'a captivé plus spécialement, ce ne sont pas les moindres effets de cette résultante motrice, ce sont ses plus grandes et ses plus étonnantes conséquences : le double mouvement du globe, le flux et le reflux de son Océan liquide, et *tutti quanti*. C'est qu'en elles, j'y vis presque résolu tout le problème de l'investigation proposée.

Si l'on demande, en effet, à la science l'explication de ces conséquences, et plus particulièrement celle des marées, la science, avec un ton d'infaillibilité qui vous fait reculer d'un pas, vous répond en se basant sur un principe extérieur et seulement sur un seul, dont on trouve la raison d'être dans les prétendues lois

de la gravitation. La science, dans sa réponse, supposant le passé
enrichi d'expériences et de lumières, semble se borner à l'opinion admise, ne voulant pas comprendre la conséquence d'un
préjugé invétéré. Mais la nature ne se règle point d'après les
lois insensées de la science et finit tôt ou tard par détruire tout
ce qu'elle n'a pas de conforme à la vérité. Si donc l'homme est
susceptible d'expériences, s'il est amoureux de la perfection et
ennemi de la stupidité, vouloir l'arrêter dans sa course en dépit
de ses qualités éternelles qui le poussent en avant, ce serait, pour
tomber dans l'opinion d'un homme aussi intelligent qu'honorable
parmi tant d'autres, « lui faire faire un pas en arrière et le for-
cer à descendre jusqu'au niveau de la brute. »

Mais si, redemandant à la science la dite explication, si,
surtout, perdant de son respect déraisonnable, de sa vénération
ridicule, elle nous répond de nouveau, cette fois, moins exclusive
et moins aveugle, elle m'aide à faire un pas en avant, me fait
voir et toucher les vrais causes des effets que j'étudie, et m'explique enfin comment la chaleur du soleil et le froid des ténèbres
appliquent sur le globe leurs leviers puissants et efficaces. Puis,
soustraite violemment à son accidentelle inertie, elle me dit :
« Quoi ! pour produire alternativement cette élévation et cet affais
sement successifs du niveau des mers, la nature, si simple en
elle-même, si simple dans tous ses moyens, si simple aussi dans
toutes ses opérations et si puissante, en un mot, dans sa simpli-
cité, aurait besoin ici des secours et des ressources d'un principe
étranger, précisément beaucoup moins simple et bien plus ineffi-
cace qu'un quelconque de ceux-là mêmes qui sont sous sa main ?
Non, assurément ; les causes des marées, les causes de la révolution diurne du globe ne sont pas toutes dues aux lois par trop
compliquées de l'attraction universelle. En les cherchant bien
dans le champ déjà assez riche de mes connaissances, je les
trouve, en réalité, à chaque pas, en suivant les traces de leurs
visibles effets, qui me les expliquent suffisamment pour me les
faire comprendre assez. »

Tel est le langage révélateur de la science, m'expliquant en
dernier ressort les causes de cette résultante motrice, moteur

des vents, des marées et de la révolution diurne de notre planète.

Mais en cherchant bien à notre tour, par un raisonnement semblable, nous parvenons, en outre, jusqu'à l'évidence du principe de cette résultante. Quel est donc ce principe, et où réside-t-il ?

Ce principe, en effet, je le vois évident dans les vents courroucés sous l'influence d'une température brusquement contrariée; dans les effets du fluide électrique, qui dilate la molécule élastique ; dans ceux de la goutte de pluie, qui condense la vapeur aqueuse en la faisant tomber en rosée dans des milieux qu'elle rafraîchit; dans ceux du soleil levant qui dilate la matière qu'il échauffe tant qu'il l'éclaire; dans ceux du soleil couchant, qui, au contraire, condense la matière en la laissant comme dans l'étau des froides ténèbres de la nuit; ce principe, surtout, je le vois et je le suis en descendant des pôles sur le plan incliné des glaces en liquéfaction ; l'évidence de ce principe, je la trouve enfin partout, partout; je la touche et partout je la vois. Dans l'attraction universelle, je ne touche rien, je n'y vois que mon infimité, je n'y rencontre que l'œil éblouissant de l'éternelle Sagesse !.....

Donc, lorsqu'on étudie les conditions dynamiques de l'atmosphère, et qu'on y fait la connaissance de ce défaut permanent d'équilibre en tous les points de sa masse, alternativement condensée et dilatée ou exposée sans cesse aux influences déséquilibrantes d'une température immuablement mobile, dès lors, je me le demande, n'a-t-on pas le doigt sur le secret de cette résultante motrice qui soulève l'Océan, disperse le pollen des fleurs, courbe le roseau, fait plier la branche, amène la tempête, l'éloigne ensuite, pousse la voile du navire, domine le vol hardi de l'aigle altier, effraye enfin les campagnes et l'homme même ? Qu'a-t-il fallu donc pour produire cette résultante ? Il n'a fallu, en réalité, qu'une aspiration du Soleil. Seul maître, en effet, de sa puissante machine pneumatique, le Soleil, à des millions de lieues de distance, jongle avec le globe, le remue en tous sens, le tourne, le jette au loin, le rattrape, le maîtrise avec aisance, le gouverne avec sagesse, le dompte avec douceur et, en jongleur habile, il ne le perd jamais de vue: ainsi sont remués le globe que nous habitons, et nous avec lui. Alternativement plongés dans le récipient de la machine solaire et sous les coups de son vigoureux et puissant piston, ses hémisaérosphères se raréfient; et, en se raréfiant davantage, ils ne font que plus rapprocher la platine du piston aspirateur : mais le globe n'est pas attiré, il ne fait que pivoter davantage !.......

Qu'a-t-il fallu encore pour produire tous ces résultats? Il n'a fallu seulement que l'intervention de la machine pneumatique; de son intervention, en effet, il en est découlé l'évidence de cette *résultante motrice*, fruit de ce principe lumineux , *que tout milieu rendu plus ou moins élastique que son milieu ambiant invite ce milieu à se dilater jusqu'autant, enfin, que l'action explosive ou raréfiante du milieu moteur revient à son état normal d'équilibre.*

Mais avant d'admettre ce principe comme un axiome essentiellement fondamental, et d'en déduire toutes ses conséquences, démontrons mieux son évidente vérité.

La nature, qui est la formule géométrique par excellence et l'*a b c* de l'investigateur, démontre ce principe par les résultats frappants qui découlent de la mobilité et de la chute de l'eau, c'est-à-dire du degré de sa rapidité et de l'intensité de sa pesanteur.

L'eau, en effet, jouissant d'une mobilité parfaite, coule sur les pentes entraînée par son propre poids. Ainsi, arrive-t-elle dans une sorte de réservoir ou de bassin qui n'ait pas d'inclinaison et qu'elle ne puisse pas remplir? Elle s'équilibre et reste immobile suivant les lois que nous connaissons; mais arrive-t-elle par une pente? elle s'y écoule et suivant que son inclinaison est insensible ou très-sensible, son courant est faible ou impétueux. Tel est l'air : doué aussi d'une mobilité parfaite, mais plus extrême, il presse par son élasticité, qui n'est que sa pesanteur, tout ce qui lui fait obstacle ; plus sont épaisses et résistantes les parois des vases qui servent à l'expulser, moins les effets de sa force d'expansion sont grands; et moins, au contraire, elles sont résistantes, plus sont puissants les effets de cette même expansion C'est que *le degré d'inclinaison de la pente est à la mobilité et à la puis-*

sance de l'eau, ce qu'inversement le degré d'épaisseur de paroi est à l'intensité motrice de la pression atmosphérique. Une preuve de cette vérité avancée et qui va devenir la pierre de touche de la solution qui se prépare, *c'est qu'aussitôt que l'écluse d'un canal,* par exemple, *s'ouvre, l'inclinaison de niveau du liquide, en un point quelconque de sa surface, est proportionnelle au sinus de l'angle déterminé en chaque point par l'horizontale du niveau normal et l'oblique menée du centre de gravité de l'entière section de paroi.*

COROLLAIRES.

—

1° L'intensité de la pression atmosphérique en un point quelconque d'un plan droit considéré sur le vide, se décompose en plusieurs pressions : en pressions *minimum*, qui sont les plus obliques par rapport au plan ; et en pressions *maximum*, qui sont les moins obliques par rapport au même plan. Ces différentes pressions ont une résultante motrice perpendiculaire au plan et égale en grandeur à l'intensité totale des rayons de force compris dans un arc de 180° ;

2° L'intensité effective de toute force ou unité de pression, en un point quelconque d'un plan sur le vide, varie en raison directe du sinus de l'angle d'inclinaison qu'elle fait avec le plan ;

3° L'intensité de la résultante motrice de deux unités de pression également obliques par rapport à un plan sur le vide, varie aussi en raison directe du sinus de l'angle commun d'inclinaison ;

4° L'intensité de cette même résultante pour deux unités de pression inégalement obliques, varie également en raison directe des sinus des angles qu'elles font respectivement avec le plan ;

5° Dans un solide creux et vide de toute matière fluide, la réaction moléculaire, quoique établissant ses points d'appui tout-à-fait près des points de la surface intérieure de paroi, et quoique, en outre, s'équilibrant avec la résistance de cohésion à ces points, ne peut en aucune façon et d'aucune sorte faire équilibre à la pression extérieure ;

6° Pour un corps solide et brut, tout rayon de pression atmosphérique, quelque petit que soit l'angle d'inclinaison qu'il fait avec le plan du point sur lequel il s'applique, peut être regardé comme équilibré par le rayon contraire de pression et que détermine son prolongement indéfini dans l'espace occupé par le solide, quelle que soit, d'ailleurs, l'infimité de l'angle d'inclinaison que ce dernier rayon fait avec son plan ;

7° La même chose est vraie pour un corps creux et vide de toute matière fluide, pourvu néanmoins que son épaisseur de paroi soit rigoureusement égale partout ;

8° Sur un point quelconque de surface, et, en général, pour tout ce qui a trait aux conditions aérostatiques de la pression extérieure exercée sur un corps à vide, l'effet moteur de tout rayon de pression non équilibré par suite d'un défaut radical de point d'appui moléculaire, varie en raison directe du sinus de l'angle d'inclinaison qu'il fait avec son plan ;

9° Il résulte de l'action simultanée de deux pressions extérieures, effectives contrariées, et quoique différemment obliquées par rapport à leur plan respectif sur le vide, une résultante motrice dont la grandeur varie comme la différence des sinus de leurs angles d'inclinaison ;

10° L'intensité de la pression extérieure : 1° sur la paroi plane ou de base d'une boîte motrice (j'appelle ainsi tout corps à vide) de forme cylindro-conique ou pyramidale, varie, en chaque point de surface, en raison directe du sinus de l'angle formé par le faisceau des unités de pression qui tombent dans le vide de la boîte ; 2° et sur la paroi angulaire en raison du sinus de l'angle de paroi (le vide étant expressément à la base de la boîte) ;

11° Dans une boîte motrice quelconque, le volume du vide restant le même, le nombre d'unités de pression non équilibrées par la réaction moléculaire diminue en raison inverse de l'épaisseur de paroi ;

12° Contrairement, le volume d'une boîte motrice restant le même, le nombre d'unités non équilibrées ou effectives augmente en raison directe du volume du vide ;

13° L'état de repos ou de mouvement d'un solide creux et vide de toute matière élastique dépend enfin de l'égalité ou de l'inégalité d'épaisseur entre parois parallèles ! ! !...........

....

....

Tels sont les idées et faits révélés à mon investigation sur les progrès réclamés si impérieusement par la science et l'art de la navigation aérienne ; tels sont aussi les points d'arrêt et de développement d'une théorie qui paraît à mes yeux des plus susceptibles de recevoir une application parfaitement pratique, théorie, du reste, élaborée lentement, sans efforts, par des tâtonnements successifs et laborieusement réalisés. Je la signale au monde savant et surtout aux hommes d'initiative. J'appelle sur elle l'attention des économistes et plus encore celle des législateurs. Je l'offre gratuitement à tous les peuples au nom de l'universelle solidarité humaine, et avec des preuves de raisonnement sur lesquelles j'invoque autant la perspicacité des intelligences d'élite que l'indulgence de tout le monde.

AÉROMOTION.

EXPÉRIENCES.

« Toucherions-nous enfin aux jours rêvés par l'imagination des plus hardis inventeurs ? Allons-nous voir se réaliser l'espérance que beaucoup persistent encore à regarder comme une illusion ? Va-t-il être définitivement consacré, ce fameux droit au vol en faveur duquel Nadar publiait naguère une brochure éloquente ? Il faudrait le croire !................... »

Pierre VÉRON.

Paradoxe d'Aérostatique : *L'intensité de la pression atmosphérique sur le vide se décompose en pressions minimum et en pressions maximum.*

Expérience des Cylindro-cônes.

Le fait évident de ce paradoxe est mis en lumière par l'expérience suivante :

Prenons, à cet effet, un tube de verre de deux mètres de longueur, par exemple, à forte paroi et ouvert aux deux bouts, puis introduisons-y un piston cylindro-conique de verre susceptible d'y glisser à frottement doux et de façon que la force d'adhésion soit partout égale et puisse permettre de l'y promener sans trop d'efforts. Cela fait, et le piston amené à l'une quelconque des extrémités du tube, prenons un second piston cylindro-conique à surface frottante *égale, mais d'une hauteur conique inférieure.*

Faisant coïncider leurs surfaces-bases, menons-les ensuite au milieu du tube. Quelques efforts qu'il va falloir produire pour les séparer l'une de l'autre, la chambre qu'elles font faire en s'éloignant ne sera pas moins vide d'air. Cela admis, attachons une courroie à l'extrémité conique de chaque piston et, faisant passer chaque courroie sur une poulie mobile sur son axe, suspendons à l'extrémité libre de chacune un plateau de balance. Ce travail d'expérimentation terminé, calculons la valeur barométrique de la pression qui s'exercerait sur une surface de section égale à la section intérieure du tube. Nous prenons, par exemple, une section d'un décimètre carré d'étendue. C'est par conséquent une valeur barométrique de 103 kil. 3. Croira-t on que le poids capable d'équilibrer cette valeur doit lui être nécessairement égal? Il n'en est rien, c'est un poids bien inférieur :

Après avoir, en effet, placé successivement sur chaque plateau un poids de 10, 20, 30, 40..... kil., on remarque que l'un des pistons commence sa course dans le tube et que l'autre, au contraire, ne bouge pas de place..... Quel est celui qui obéit ainsi le premier? C'est celui dont la hauteur conique est la plus grande.

Mais si, cessant d'augmenter davantage le poids du plateau qui descend avec le piston dont il provoque la course, nous augmentons encore progressivement la charge du plateau qui ne descend pas, nous arrivons enfin à provoquer la course du piston resté inerte.

Mais la différence est trop sensible des valeurs des poids faisant à présent, de part et d'autre, équilibre à la pression atmosphérique pour ne pas la remarquer.

Cette différence devient évidente, si nous faisons attention qu'elle est précisément proportionnelle à celle qui existe également et précisément entre les sinus des angles coniques des pistons ; c'est parce qu'en outre la pression atmosphérique est *maximum* là où, n'étant pas équilibrée avec elle-même, elle est moins obliquée sur la paroi conique, et *minimum* là où, n'étant pas non plus équilibrée avec elle-même, elle fait avec le plan de son point d'application, l'angle le plus petit.

Donc, *l'intensité de la pression atmosphérique sur le vide est maximum et minimum.*

Expérience des Cylindres.

Ce même paradoxe se démontre pareillement avec deux cylindres de verre d'inégale hauteur.

Effectivement, ayant deux cylindres à la place des pistons cylindro-coniques, si, après les avoir comme ceux-ci introduits dans le tube et fixés de même aux mêmes courroies, nous les séparons l'un l'autre de telle sorte que la résistance de frottement soit égale pour tous, ce qui arrive lorsque la même hauteur cylindrique plonge dans le tube, il se fait que la plus grande résistance à vaincre vient de celui dont la hauteur est la plus petite, et qu'aussi la moins grande résistance à vaincre vient au contraire de celui dont cette hauteur est la plus grande. C'est que la résultante des unités non équilibrées de la pression extérieure est d'autant plus grande que la longueur des pistons cylindriques est plus petite, c'est, pour parler le langage technique, que chaque faisceau des forces effectives est en chaque point d'autant plus intense que le sinus de l'angle déterminé par lui se rapproche plus de zéro.

Donc encore, *l'intensité de la pression atmosphérique sur le vide se décompose en pressions maximum et minimum.*

Création d'un appareil Aéromoteur.

Avant tout, dans la création d'une machine quelconque, il importe de bien définir l'objet destiné à transmettre l'action de la force en notre pouvoir et que nous voulons utiliser.

Dans son acception la plus étendue, *cet objet n'est jamais autre chose qu'un instrument susceptible d'être sollicité à la fois : au repos, par des forces en équilibre quelconques, et, au mouvement, par l'effet immédiat d'une force résultante toujours d'intensité plus grande qu'utile.*

Ainsi, dans toute machine, deux choses sont à considérer :

d'une part, le moteur et la résistance passive ; de l'autre, le dispositif plus ou moins compliqué de l'instrument. Par suite donc ,
le succès d'une machine destinée à produire un travail mécanique quelconque, dépend :

1° De la contrariété des résistances passives ;
2° De la puissance du moteur ;
3° De la manière de l'appliquer ;
4° Et enfin de la façon de ménager sa force.

D'après cette exposition, il me paraît facile de pouvoir réaliser
un instrument capable d'utiliser mécaniquement l'action motrice
de la pression atmosphérique sur le vide. Mais il me semble
tout-à-fait superflu d'en faire ici, par exemple, une description
détaillée. Si, en effet, le principe aéromoteur, son efficacité , sa
puissance, sa neutralité . sont subordonnés surtout au dispositif
des parois de toute boîte motrice, la forme de cette boîte, et, par
suite, celle de l'appareil aéromoteur, devient donc arbitraire et
d'une intelligence accessible à l'esprit de l'ouvrier-constructeur,
pour peu, du reste, qu'il ait quelques connaissances de son état.

Néanmoins, si nous en restions là, une question très-essen-
tielle à éclaircir demeurait sans réponse ; c'est la façon de ménager la force motrice dans la mise en train de l'appareil moteur.

Cette façon ne me paraît pas non plus difficile à trouver. En
toutes choses, le praticien doit s'aider de lui-même, lorsque la
théorie, parfois imprévoyante, ne vient pas à sa rencontre pour le
sortir d'embarras. ais, en outre, toute façon de ménager le ren-
dement de l'appareil en opération, peut dépendre autant des difficultés des milieux que plus encore des exigences de la complica-
tion des divers organes mécaniques destinés à être mis en jeu. C'est
donc au mécanicien appelé sur les lieux à y pourvoir avant moi.

A mon tour, je puis l'aider cependant en le mettant sur la
voie :

Je lui signale, à cet effet, ce moyen qui, du reste, est aussi
simple que peu dispendieux. C'est de ne jamais s'arrêter devant
l'efficacité mécanique d'un simple appareil moteur. Toujours et
dans toute création de machine aéromobile, il accouplera deux
boîtes motrices, de force égale , de façon surtout à les rendre

libres entr'elles et mobiles chacune sur un axe commun ou parallèle. L'application théorique et intelligente du parallélogramme des forces lui dira ensuite si ce moyen est efficace et de quelle manière principalement il répond aux exigences réclamées par les milieux et les complications de l'instrument.

AÉRONAUTIQUE.

CRÉATION

D'UNE LOCOMOTIVE AÉRIENNE.

> « Dieu a créé, l'homme imite : toutes les prétendues inventions des hommes ne sont que des imitations assez grossières de ce que la nature exécute avec la dernière perfection. »
> BUFFON.

La nature nous a dévoilé, en effet, le moyen étonnant, près de naître, de créer une locomotion aérienne susceptible de devenir capable de rivaliser avec avantages la locomotion terrestre et maritime. Mais là s'est borné son langage révélateur. C'est déjà, comme on le pense bien, un grand fait accompli. C'est de ce fait surtout que nous tirons les matériaux nécessaires pour réaliser enfin et l'organe d'*ascension* et de *descente* et l'organe de *direction* que nous réclament depuis si longtemps et si impérieusement les difficultés de la grande et magnifique entreprise.

Exposition synoptique des diverses parties du vaisseau.

ASPECT GÉNÉRAL : Forme oblongue et ellipsoïde, amincie vers l'avant et vers l'arrière, —planchers de pont et de cale, —balustrades tout autour, —cordages rigides, —parois latérales en tôle, percées de nombreux œils-de-bœuf à verre dormant, — portes-sabords, — panneaux, — galerie circulaire, etc., etc

EMMÉNAGEMENT . INTÉRIEUR. — Cabinets, hamacs, salon, cuisine, réfectoire, siéges séparés par intervalles fixes, —tables, objets de confort, bibiothèque, cabinet de physique, etc., etc.

HAUT. —Petite cage et plancher tout autour avec balustrade à tablette à tiroirs, et là :

APPAREIL D'ASCENSION ET DE DESCENTE. — Deux *boîtes motrices* réglées suivant les lois de croissance et de décroissance du parallélogramme des forces, et élevées en l'air par des barres de métal, liant la partie inférieure à la partie supérieure du vaisseau, — place de l'aéronaute de quart, — leviers de manœuvre à portée de main, — boussole, — lunettes d'approche mobiles dans tous les sens, — chronomètre, — baromètre, — altimètre, — thermomètre, etc., etc.

AVANT ET ARRIÈRE. — *Appareils de direction* réglés d'après les susdites lois de croissance et de décroissance. — Bielles de manœuvre aboutissant à la galerie supérieure du vaisseau. — Résultamètre, etc., etc.

DIALOGIQUE.

CONCLUSION.

> « Si une vérité est palpable et d'une pratique
> importante, plaignons celui qui la méconnaît ;
> sa peine naîtra de son aveuglement. »
>
> VOLNEY.

La locomotion aérienne est-elle ainsi possible ? Oui, répond ma Conviction. Non, suivant le langage du Préjugé.

LE PRÉJUGÉ. — « La locomotion aérienne n'est qu'un fait, ni plus ni moins.

MA CONVICTION. — Mais qu'entendez-vous par fait ?

LE PRÉJUGÉ. — Qu'est-ce qu'un fait, me dites-vous ?

MA CONVICTION. — Oui.

LE PRÉJUGÉ. — Rien.

MA CONVICTION. — Alors, qu'est-ce que tout ?

LE PRÉJUGÉ. — Tout, c'est la logique.

MA CONVICTION. — Je ne vous comprends pas...

LE PRÉJUGÉ. — La logique va toujours d'un point de départ à un point d'arrivée.

MA CONVICTION. — Très-bien !.. Je commence à comprendre. Poursuivez !....

LE PRÉJUGÉ. — Or, le point de départ, c'est que l'homme, n'ayant pas d'ailes, n'a pas été créé pour voler.

MA CONVICTION. — Et le point d'arrivée ?

Le Préjugé. — Le point d'arrivée, c'est que la locomotion aérienne n'existe pas. Tous ceux qui ont cherché des moyens de diriger les ballons étaient des insensés, ou, tout ou moins, des gens ne raisonnant pas......

Ma Conviction. — Pardon, si je vous arrête......

Le Préjugé. — Patience. S'ils avaient raisonné, ils ne se seraient pas évertués à chercher une chose que l'on peut, *à priori*, démontrer introuvable. Et l'on n'a même pas besoin, pour cela, des démonstrations de la science. La science dit, et, avec elle, le plus simple bon sens mécanique, que l'impulsion à donner aux véhicules aériens nécessite une force hors de toute proportion avec celles que l'homme peut transporter dans l'air. Mathématiquement, on peut dire :

« La force motrice doit être au véhicule, le ballon ou autre, comme la force réunie des deux ailes est à l'oiseau, qui ne volerait pas avec une seule. Qu'on mesure la force des ailes de l'oiseau, comparée à ses dimensions et à son poids, et qu'on en déduise le nombre de chevaux de force que devrait avoir la machine à vapeur pouvant faire mouvoir un véhicule en l'air, on arrive à l'impossible. Et cet impossible s'augmente de la nécessité de donner au véhicule des dimensions suffisantes pour porter la machine elle-même avec sa provision d'eau et de combustible.

« Quant à supprimer le moteur et à le chercher dans l'action de l'air lui-même, où l'on n'a pas de point d'appui, c'est tout simplement insensé.

« Mais ce sont là les démonstrations de la science et du bon sens. Je n'en ai même pas besoin. On me dirait qu'elles s'appliquent aux ballons et aux machines à vapeur et que le navigateur aérien se meut sans machine à vapeur ni ballon. Je réponds qu'à *priori* la locomotion aérienne est démontrée impossible.. L'homme est retenu à terre par sa conformation. Il peut bien inventer des procédés ds locomotion qui ne lui fassent pas quitter la terre, mais non d'autres. S'il a les navires, c'est qu'il est conformé de manière à pouvoir nager. Quant à se mouvoir dans l'air, ce n'est pas dans sa conformation. Donc, ce n'est pas dans sa destinée,

« Ce qui le prouve, c'est que si la locomotion aérienne existait, les conditions de l'existence humaine seraient forcément autres qu'elles ne sont. Or, elles ne peuvent changer. Donc, la locomotion aérienne n'existe pas. »

Ma Conviction. — Malheureux Préjugé !.....

Le Préjugé. — Malheureux ! moi. Non... .

Ma Conviction. — A votre tour, vous devriez m'écouter, ce me semble !.....

Le Préjugé. — Je vous écoute volontiers.

Ma Conviction. — Si je regarde comme un devoir acquis de répondre de toute la force de ma franchise à tous les doutes, à toutes les illusions suscitées dans les esprits par plus d'un demi-siècle d'inutiles efforts et de vaines tentatives, c'est afin d'aller même au devant des objections qu'il vous semblera bon de formuler pour combattre ce qu'a d'absolument démonstratif mon moyen de m'élever dans les airs et de m'y diriger avec les seules ressources qui me sont accordées par le milieu.

Le Préjugé. — Mais encore une fois, votre moyen est purement un paradoxe étrange, c'est un défi jeté au bon sens et à la logique.

Ma Conviction. — Mon moyen n'est pas un paradoxe, ni un défi, c'est le crépuscule annoncé de la plus ardue et de la plus belle des questions posées devant la Science ; c'est tout simplement une révolution gigantesque !......

Le Préjugé. — Et qui s'accomplirait au prix de catastrophes sans nombre ! !!.....

Ma Conviction. — Ce moyen ne sera pas une catastrophe comme il vous convient de le dire : *l'amour de soi*, on l'a dit déjà, *pousse à chaque instant l'intelligence humaine dans un horizon plus étendu.* Sa force d'impulsion, lorsqu'elle émane du cœur, nous fait avancer dans une voie de bien-être moral et matériel ; lorsqu'elle part du sentiment naturel de la conservation de soi-même, elle conduit parfois et toujours indirectement à des résultats déplorables, tels que les succès de tuerie qui se sont naguère produits en Allemagne. L'impulsion du cœur est acceptable parce qu'elle nous donne plus qu'un *fusil à aiguille* pour lutter avec la nature. Elle nous promet, en nous les préparant, la conquête denotre émancipation et le triomphe de la Vérité sur l'empire de l'Ignorance !.....

Le Préjugé. — Et l'impulsion de sa propre conservation ?..

Ma Conviction. — Or, les conséquences de cette dernière sont précisément diamétralement opposées, en ce sens bien entendu qu'elles font avancer les peuples au son du bronze et dans des torrents de sang.

Le Préjugé. — Mais !......

Ma Conviction. — Ne m'interrompez pas !... Tous les esprits élevés et tous les cœurs généreux soupirent après un avenir consolidé sur des bases de paix et de bien-être moral. Cet avenir est prédit. Il arrivera, j'en suis des plus convaincus !...

Le Préjugé. — Qui a prédit cet avenir ?

Ma Conviction. — Celui qui a proclamé le plus haut les droits de l'homme à travers les temps ?

Le Préjugé. — Le Christ ?

Ma Conviction. — Oui.

Le Préjugé. — Bah !.....

Ma Conviction. — Lorsqu'il tomba, le dernier oracle émit cette parole : *le dieu s'en va*, à laquelle des témoins ajoutèrent *et pour toujours ;* et que d'autres interprétèrent en disant que c'était pour sceller le dernier cri du vieux monde sur le monde nouveau. Quand un grand homme meurt, tout ne meurt pas avec lui : le plus enraciné des faits de son histoire, c'est sa mission enfouie dans son tombeau. Pour l'isoler et la rendre évidente, il ne faut rien moins qu'un tremblement de terre qui disperse la poussière du doute et la milice de l'ingratitude. Ce tremblement de terre est imminent et nous venons à sa rencontre !. ...

Le Préjugé. — Vous êtes bien courageuse !

Ma Conviction. — Non, je suis prévenante plutôt et surtout perspicace.

Le Préjugé. — Et vos moyens ?

Ma Conviction. — Ils ne sont pas ceux des Tartares et des Turcs, ni ceux d'Alexandre et de César ; le plus nécessaire pour entreprendre la conquête du monde, c'est de proclamer d'abord la possibilité de celle de l'atmosphère, de l'admettre *à priori* et de prêcher partout l'universelle solidarité humaine : ainsi, par l'*amour* vous ferez plus qu'avec le *nombre*, la *religion*, la *discipline* et le *patriotisme;* mais encore une fois, regardez la conquête de l'atmosphère comme une chose possible et non comme un fait insensé de la plus folle imagination !...

Le Préjugé. — Mais encore que faut-il faire ? .

Ma Conviction. — D'abord, n'enrayez pas la marche des savants et des capitalistes dans la voie de l'expérience ; n'arrêtez pas surtout l'investigateur qui se sacrifie depuis 10 ans pour faire avancer l'humanité dans la voie du progrès dont l'enchaînement commence depuis le premier homme et qui ne se terminera qu'au dernier.

Le Préjugé. — Et ensuite ?

Ma Conviction. — Ensuite, que votre pouvoir ne prime pas celui de la Science et qu'au contraire il s'incline désormais devant le drapeau de la *Vérité* déployé au faîte du *Palladium.*

Le Préjugé. — J'y réfléchirai.

Ma Conviction. — Et quoi qu'on fasse et quoi qu'on dise, *le feu divin sera dérobé.*

Jⁿ B.

⁂

Bayonne, Imprimerie de Ve Lamaignère, rue Chegaray, 39.

237

www.ingramcontent.com/pod-product-compliance
Ingram Content Group UK Ltd.
Pitfield, Milton Keynes, MK11 3LW, UK
UKHW020037100726
13658UKWH00003B/1377